Bibliografische Information der Deutschen Nationalbibliothek:

Die Deutsche Bibliothek verzeichnet diese Publikation in der Deutschen Nationalbibliografie; detaillierte bibliografische Daten sind im Internet über http://dnb.d-nb.de/ abrufbar.

Impressum:

Druck und Bindung: Books on Demand GmbH, Norderstedt Germany
ISBN: 9783346000811

Dieses Buch bei GRIN:

https://www.grin.com/document/494137

Hartmut Birett

Funktionsschaltbilder zum sogenannten Übersprungverhalten

Versuche mit verschiedenen Modellen

GRIN Verlag

Funktionsschaltbilder zum sogenannten Übersprungsverhalten

Inhaltsverzeichnis

Allgemeine Beschreibung der Hypothesen

Unter dem Stichwort Übersprungverhalten, Übersprunghandlung, Übersprungbewegung, (sparking over activity), Alternative Bewegung und Deplazierte Handlung (irrelevant movements, displacement activity oder substitude activity) findet man in den zitierten Quellen und in der für die Schule gedachten Literatur verschiedene Darstellungen. Zunächst eine
a) In sogenannten Konfliksituationen treten mitunter abrupt Handlungen auf, die für den Beobachter keinen offensichtlichen Zusammenhang zum vorherigen Verhalten aufweisen.
Zur Erklärung sind z.B. bei (**1**) fünf Theorien aufgezählt

(1) Kanal a hemmt Kanal b. Die Erregungen des nun nicht zur Ausführung kommenden Verhaltens b induzieren allochthon die unerwartete Handlung, indem die Erregungen auf den Kanal (c) überspringen, daher Übersprung-Hypothese. Die manchmal zitierte historische Darstellung entspricht Abb. 1. Dies gedachte Überspringen der Antriebsstärke auf einen anderen Kanal war namensgebend.

(2) Wie bei der Laterale Inhibition im sensorischen und im motorischen Bereich hemmen sich verschiedene Verhaltenstendenzen. Die Verhaltensweise a und b können nicht gleichzeitig auftreten, die Kanäle a und b hemmen sich demnach gegenseitig und jeder von beiden kann dann Kanal c hemmen. Hemmen sich nun a und b gleich stark, so fällt die Hemmung auf c weg. Die unerwartete Handlung wird autochthon induziert und dies als Enthemmungs-Hypothese bezeichnet. Sie wird hier näher betrachtet (Abb. 3).

(3) Wird - im Sinne des Reafferenz-Prinzip - die Kopie eines Verhaltenskommandos nicht durch die Konsequenz des Verhaltens gelöscht, so führt dies zu veränderten Schwellen für Außenreize und somit eventuell zu der unerwarteten Handlung. Dies wird als Rückkoppelungsumstimmigkeits-Hypothese bezeichnet.

(4) Bewegungsabläufe (z.B. Kopf wegdrehen) sind nicht starr in einen Funktionskreis eingebunden, sondern werden in verschiedenen aufgerufen (z.B. beim Fluchtbeginn oder beim Flügelputzen). Bei Hemmung eines Funktionskreises könnte die Bewegungsfolge mit Elementen aus einem anderen fortgesetzt werden. Man spricht von der Übergangshandlungs-Hypothese.

(5) Bewegungsabläufe treten nur mit einer bestimmten Häufigkeit auf. Die typische Handlung beobachtet man häufig, die unerwartete eben nur selten. Dies bezeichnet man als Datenstreifen-Hypothese.

Ähnlich wie bei Hypothese (4) oder (5) setzt man in der Verhaltensökologie frei verfügbare Strategien voraus. Für die situationsgerechte Auswahl sucht man dann aber von der Population und nicht von der Physiologie des Individuums her (im Sinne der Spieltheorie) nach Erklärungen (**2**). Im Vergleich zu (1) bis (5) deutet man also auf einer anderen Argumentations-Ebene.

b) Die Übersprunghandlung (z.B. Putzen) kann sich auf tatsächlich vorhandene Reizsituationen beziehen (z.B. Schmutz, Unordnung der Federn, veränderte Hautdurchblutung) oder aber zu einem Signal ritualisiert sein. In manchen Fällen tritt sie in einer Intensität auf, die über die beim normalen Verhalten deutlich hinausgehen kann.
Nach (**3**) nimmt die Intensität der in Konflikt liegenden Verhaltensweisen a und b unmittelbar vor ihrer gegenseitigen totalen Hemmung nicht ab.
Auch kann je nach gerade vorliegender Stärke der in Konflikt stehenden Verhaltensweisen eine andere (aber festliegende) Übersprunghandlung auftreten.
(Weitere Erläuterungen finden sich auch in der ohne Nummern angegebenen Literatur.)

Übersprunghypothese

Abb. 1, z.B. angegeben in **3**, **4**, **5** und **6**.

Zu den anderen Blockdiagrammen passend wäre Abb. 2.

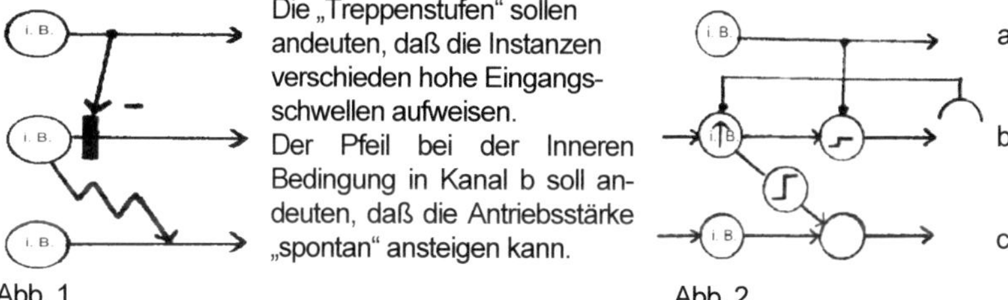

Abb. 1 Abb. 2

(Die Schwellenhöhe kann an einem Neuron durch die Anzahl oder auch durch den Abstand der Synapsen zum Axon-Urspung festgelegt sein.)

Enthemmungs-Hypothesen

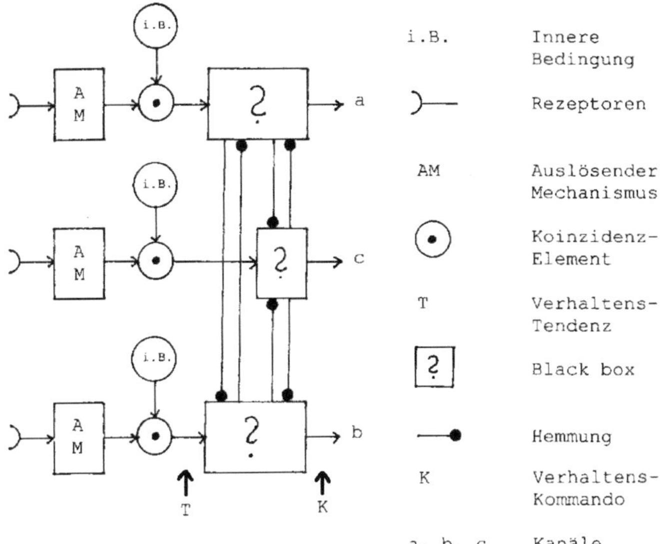

Abb. 3 zeigt ein allgemein beschreibendes Funktionsschaltbild. Für den „Black Box"-Abschnitt fand ich sechs verschiedene Vorschläge.

Zur Vereinfachung der Abbildung ist die Rückmeldung des Erfolgs einer Handlung auf die Stärke der inneren Bedingung weggelassen. Darauf sollte man hinweisen. Gegebenenfalls muß man darauf hinweisen, daß Funktionsschaltbilder - ähnlich wie der Entwurf einer Landkarte - nur bestimmte Aspekte wiedergeben. Oft gibt so eine Dar-stellung einen Anlaß zu überlegen, worauf noch zu achten ist und welche Beziehungen gerade vernachlässigt werden. Meiner Erfahrung nach geschieht dies von Schüler/innen bei dieser Art der Modellierung häufiger, als bei rein verbalen Beschreibungen, da man bei Ihnen oft überhaupt nicht bemerkt, daß auch sie nicht vollständig sind.
Die Funktionsschaltbilder sind
eine Darstellungsweise möglicher Informationsflüsse z.B. im Nervensystem und keine fertige Erklärung.

Auch wenn in Büchern meist von Theorien die Rede ist, bevorzuge ich die Einordnung zu Hypothesen.

Die Funktionsschaltbilder werden oft so interpretiert, als träte die Verrechnung im Organismus in synchronen Zeitschritten auf. So sind auch hier die Gleichungen formuliert.
Man darf aber wohl davon ausgehen, daß bei Neuronen (oder entsprechend bei der Ausbreitung von Hormonen) eine zumindest minimale asynchrone und eventuell auch in der Reihenfolge wechselnde Verrechnung vorliegt.
Bei der Rechnungen wird mit getrennten Rechentakten gearbeitet. Im Synapsenbereich werden aber zeitlich sich ändernde Transmitter-Konzentrationen „verrechnet". Die Höhe der Transmitter-Konzentration hängt einmal von der präsynaptischen Impulsfrequenz bei zu beachtender Schwelle ab, aber auch von der Diffusion und der enzymatischen Abbaugeschwindigkeit.
(Um das in etwa nachzuahmen, versuchte ich es mit dem Mittelwert von zwei aufeinander folgenden Rechenwerten. Dies führt aber nicht zu sinnvollen Ergebnissen.)

Für die Rechnungen gelten folgende Abkürzungen:
Ta(t) Verhaltenstendenz im Kanal a
(in der Regel konstant, also nicht zeitabhängig)
Ka(t) errechnetes Verhaltenskommando im Kanal a
ab(t) Hemmungs-Koeffizient von Kanal a auf Kanal b
(in der Regel konstant, also nicht zeitabhängig)
vab(t) und rab(t) Hemmungs-Koeffizienten bei Vorwärts- und Rückwärts-Hemmung
az(t) und azz(t) Zwischenwerte im Kanal a
f(t) Zwischenwert bei der spontan aktiven Instanz
Negativ errechnete Werte werden gleich auf Null gesetzt.
Wenn eine rückwärts wirkende Hemmung vorliegt, muß man so viele Durchgänge (z. B. bis zu 10) rechnen, bis sich stabile Endwerte ergeben.

Für eine einfache Rechnung wählt man für die Koeffizienten bei den Hemmungen ab(t) = ba(t) = ac(t) = bc(t) = 1.
Die T-Werte wählte ich zwischen 0 und 10 und damit auch fo = 10.

Z.B. folgende Varianten für die Eingangswerte sind anschaulich:

	Ta	Tb	Tc	Laut Literatur nur	aktiv	Ka	Kb	Kc
I	5	5	5		Tc, also	0	0	5
II	10	10	5		Tc	0	0	5
III	10	6	5		Ta	10	0	0
IV	6	10	5		Tb	0	10	0
V	8	5	10		Tc	0	0	10
VI	3	5	10		Tc	0	0	10
VII	10	10	5	und nach stabilen Werten				
	10	6	5		Ta	10	0	0
VIII	10	6	5	und nach stabilen Werten				
	10	10	5		Tc	0	0	5
IX	10	5	10	Mir nicht bekannt		10?	0	10?

Die Varianten VII und VIII sollen eine Intensitätsänderung einer Verhaltenstendenz (hier Tb) andeuten, bei der sich eine Änderung der Verhaltenskommandos ergeben müßte.

Vorwärtshemmung

Abb. 4, z.B. angegeben in **7**, **8** und **9**.

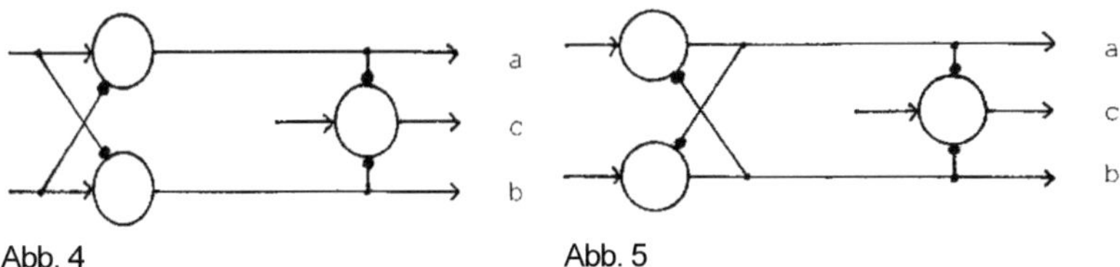

Abb. 4 Abb. 5

$Ka(t) = Ta(t-1) - ba(t-1) * Tb(t-1)$
$Kb(t) = Tb(t-1) - ab(t-1) * Ta(t-1)$
$Kc(t) = Tc(t-1) - ac(t-1) * Ka(t-1) - bc(t-1) * Kb(t-1)$

oder

$Ka(t) = Ta(t-1) - Tb(t-1)$
$Kb(t) = Tb(t-1) - Ta(t-1)$
$Kc(t) = Tc(t-1) - Ka(t-1) - Kb(t-1)$
mit allen Koeffizienten gleich 1.

Negativ errechnete Werte werden gleich auf Null gesetzt.

Rechenergebnisse:

	Ka	Kb	Kc		zutreffend wäre		
I	0	0	5	paßt			
II	0	0	5	paßt			
III	4	0	1	paßt nicht	10	0	0
IV	0	4	1	paßt nicht	0	10	0
V	3	0	7	paßt nicht	0	0	10
VI	0	2	8	paßt nicht	0	0	10
VII	4	0	1	paßt nicht	10	0	0
VIII	0	0	5	paßt			
IX	5	0	5	?			

Asynchron gerechnet ergeben sich die gleichen Endwerte.
Unabhängig vom Zeitpunkt des Auftretens der Eingangswerte gilt, daß an den Ausgängen die Differenz der Eingangswerte auftritt.
Für Ta <> Tb wird die Kommandostärke verringert, was nicht zu Beobachtungen paßt und es treten zwei Verhaltenskommandos auf.

Rückwärtshemmung

Abb. 5, z.B. angegeben in **3**, **4**, **5**, **6**, **10** und **11**.

$Ka(t) = Ta(t-1) - ba(t-1) * Kb(t-1)$
$Kb(t) = Tb(t-1) - ab(t-1) * Ka(t-1)$
$Kc(t) = Tc(t-1) - ac(t-1) * Ka(t-1) - bc(t-1) * Kb(t-1)$

oder

$Ka(t) = Ta(t-1) - Kb(t-1)$
$Kb(t) = Tb(t-1) - Ka(t-1)$
$Kc(t) = Tc(t-1) - Ka(t-1)-Kb(t-1)$

Negativ errechnete Werte werden gleich auf Null gesetzt.

Rechenergebnisse:

	Ka	Kb	Kc			zutreffend wäre		
I	5	5	5	wechselnd mit 0 0 0	paßt nicht	0	0	5
II	10	10	5	wechselnd mit 0 0 0	paßt nicht	0	0	5
III	10	0	0	paßt				
IV	0	10	0	paßt				
V	8	0	2	paßt nicht		0	0	10
VI	0	5	5	paßt nicht		0	0	10
VII	10	0	0	paßt				
VIII	10	0	0	paßt nicht		0	0	5
IX	10	0	0	?				

Asynchron ergeben sich bei I und II stabile, aber bei mehreren Durchgängen unterschiedliche Endwerte.
Sonst ergeben sich die gleichen Endwerte.
Für Ta <> Tb wird der größere der Einganswerte ungeschwächt durchgelassen.
Bei Ta = Tb kippen die Ausgangswerte zwischen Null und dem Maximalwert.
Tritt bei Ta = Tb z.B. Ta zuerst auf, so wird er ungeschwächt durchgelassen und Kb = 0. Die Schaltung wirkt als Phasenanalysator.

Doppelte Hemmung

Abb. 6, z.B. angegeben in **12**.

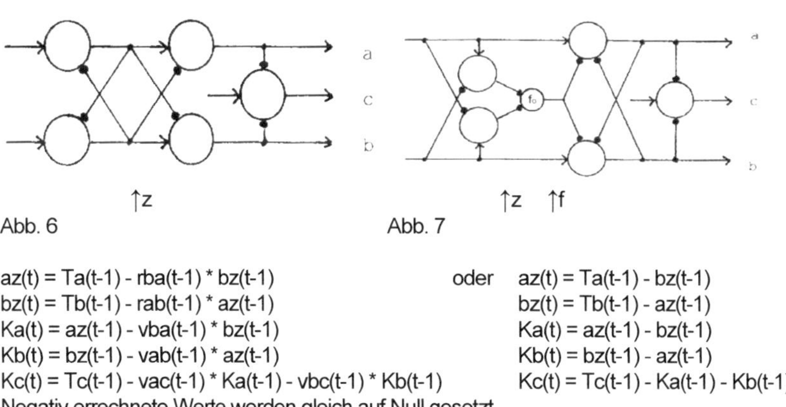

Abb. 6 Abb. 7

az(t) = Ta(t-1) - rba(t-1) * bz(t-1)	oder	az(t) = Ta(t-1) - bz(t-1)
bz(t) = Tb(t-1) - rab(t-1) * az(t-1)		bz(t) = Tb(t-1) - az(t-1)
Ka(t) = az(t-1) - vba(t-1) * bz(t-1)		Ka(t) = az(t-1) - bz(t-1)
Kb(t) = bz(t-1) - vab(t-1) * az(t-1)		Kb(t) = bz(t-1) - az(t-1)
Kc(t) = Tc(t-1) - vac(t-1) * Ka(t-1) - vbc(t-1) * Kb(t-1)		Kc(t) = Tc(t-1) - Ka(t-1) - Kb(t-1)

Negativ errechnete Werte werden gleich auf Null gesetzt.

Rechenergebnisse:

	Ka	Kb	Kc	3	zutreffend wäre		
I	0	0	5	paßt			
II	0	0	5	paßt			
III	10	0	0	paßt			
IV	0	10	0	paßt			
V	8	0	2	paßt nicht	0	0	10
VI	0	5	5	paßt nicht	0	0	10
VII	10	0	0	paßt			
VIII	10	0	0	paßt nicht	0	0	5
IX	10	0	0	?			

Asynchron ergeben sich die gleichen Endwerte.
Um das Kippen der Ausgangswerte bei der Rückwärtshemmung zu unterdrücken, ist eine Vorwärtshemmung angefügt. Die Phasenabhängigkeit liegt aber genauso wie bei der Rückwärtshemmung vor.
Nur wenn keine Schwankungen der Intensität der Verhaltenstendenzen auftreten, paßt die Schaltung.

Äquivalenz-Hemmung

Abb. 7, z.B. angegeben in **13**.

(Der Wert von fo muß so groß wie der Maximalwert von Ta und Tb sein.)

fo = 10	Spontan aktive Zelle
az(t) = Ta(t-1) - Tb(t-1)	oder
bz(t) = Tb(t-1) - Ta(t-1)	
f(t) = fo [1- (az(t-1) + bz(t-1))]	
Ka(t) = Ta(t-1) - vba(t-1) * f(t-1) - rba(t-1) * Kb(t-1)	Ka(t) = Ta(t-1) - f(t-1) - Kb(t-1)
Kb(t) = Tb(t-1) - vab(t-1) * f(t-1) - rab(t-1) * Ka(t-1)	Kb(t) = Tb(t-1) - f(t-1) - Ka(t-1)
Kc(t) = Tc(t-1) - vac(t-1) * Ka(t-1) - vbc(t-1) * Kb(t-1)	Kc(t) = Tc(t-1) - Ka(t-1) - Kb(t-1)

Negativ errechnete Werte werden gleich auf Null gesetzt.

Rechenergebnisse:

	Ka	Kb	Kc		zutreffend wäre		
I	0	0	5	paßt			
II	0	0	5	paßt			
III	10	0	0	paßt			
IV	0	10	0	paßt			
V	8	0	2	paßt nicht	0	0	10
VI	0	5	5	paßt nicht	0	0	10
VII	10	0	0	paßt			
VIII	0	0	5	paßt			
IX	10	0	0	?			

Asynchron ergeben sich die gleichen Endwerte.

Von unterschiedlichen Eingangswerten muß der größere ungeschwächt am Ausgang vorliegen, daher die Rückwärtshemmung. Um das Kippen (s.o.) bei gleichen Eingangswerten zu verhindern, ist eine Vorwärtshemmung, die aber nur bei Äquivalenz aktiv ist, eingefügt. (Dafür ist eine spontan aktive Zelle erforderlich.)
Ist Tc > Ta oder Tb, so treten zwei Verhaltenskommandos auf.

Extremwert-Durchlaß

Abb.8, z.B. angegeben in **3** und **4**.

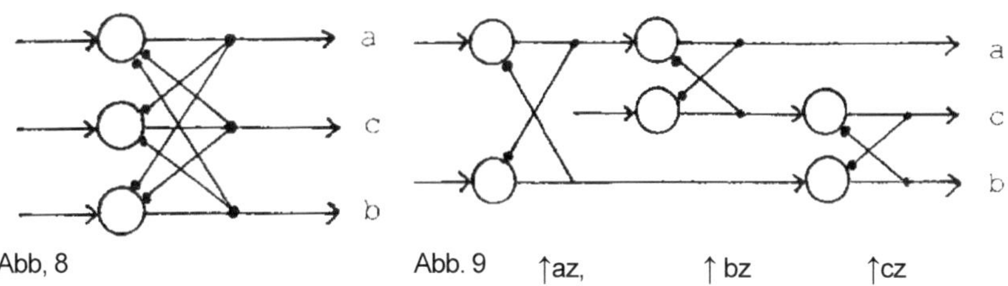

Abb, 8 Abb. 9 ↑az, ↑ bz ↑cz

Ka(t) = Ta(t-1) - ba(t-1) * Kb(t-1) - ca(t-1) * Kc(t-1) oder Ka(t) = Ta(t-1) - Kb(t-1) - Kc(t-1)
Kb(t) = Tb(t-1) - ab(t-1) * Ka(t-1) - cb(t-1) * Kc(t-1) Kb(t) = Tb(t-1) - Ka(t-1) - Kc(t-1)
Kc(t) = Tc(t-1) - ac(t-1) * Ka(t-1) - bc(t-1) * Kb(t-1) Kc(t) = Tc(t-1) - Ka(t-1) - Kb(t-1)
Negativ errechnete Werte werden gleich auf Null gesetzt.

Rechenergebnisse:

	Ka	Kb	Kc		
I	5	5	5	wechselnd mit 0 0 0	paßt nicht
II	10	10	5	wechselnd mit 0 0 0	paßt nicht
III	10	6	5	wechselnd mit 0 0 0	paßt nicht
IV	6	10	5	wechselnd mit 0 0 0	paßt nicht
V	8	5	10	wechselnd mit 0 0 0	paßt nicht
VI	0	0	10	paßt	
VII	10	6	5	wechselnd mit 0 0 0	paßt nicht
VIII	10	10	5	wechselnd mit 0 0 0	paßt nicht
IX	10	5	10	paßt nicht	

Nur VI sieht passend aus
Asynchron ergeben sich stabile, aber bei mehreren Durchgängen unterschiedliche Endwerte.
Die symmetrische Erweiterung der Rückwärtshemmung, wobei alle drei Kanäle gleichwertig sind, ist nur zum Vergleich mit aufgeführt., sie paßt nicht zu den Beobachtungen.

Höchstwert-Durchlaß

Abb.9, z.B. angegeben in **5**.

az(t) = Ta(t-1) - ba(t-1) * bz(t-1)	oder	az(t) = Ta(t-1) - bz(t-1)
bz(t) = Tb(t-1) - ab(t-1) * az(t-1)		bz(t) = Tb(t-1) - az(t-1)
cz(t) = Tc(t-1) - ac(t-1) * Ka(t-1)		cz(t) = Tc(t-1) - Ka(t-1)
Ka(t) = az(t-1) - ca(t-1) * cz(t-1)		Ka(t) = az(t-1) - cz(t-1)
Kb(t) = bz(t-1) - cb(t-1) * Kc(t-1)		Kb(t) = bz(t-1) - Kc(t-1)
Kc(t) = cz(t-1) - bc(t-1) * Kb(t-1)		Kc(t) = cz(t-1) - Kb(t-1)

Negativ errechnete Werte werden gleich auf Null gesetzt.

Rechenergebnisse:

	Ka	Kb	Kc		zutreffend wäre
I	0	5	5	wechselnd mit 0 0 0 paßt nicht	0 0 5
II	10	10	0	wechselnd mit 0 0 0 paßt nicht	0 0 5
III	10	0	0	paßt	
IV	0	10	0	paßt	
V	0	0	10	paßt	
VI	0	0	10	paßt	
VII	10	0	0	paßt	
VIII	10	0	0	paßt nicht	0 0 5
IX	0	0	10	?	

Asynchron ergeben sich bei I und II stabile, aber bei mehreren Durchgängen unterschiedliche Endwerte, in den übrigeb Fällen die gleichen Endwerte
Werden nur je zwei Kanäle mit einer Rückwärtshemmung verknüpft, so wird zwar der größte Wert ungeschwächt durchgelassen, die Phasenabhängigkeit tritt aber genauso wie bei den anderen Rückwärtshemmungen auf.
* Die Schaltung läßt nur den zuerst auftretenden Wert ungeschwächt durch, oder die Ausgangswerte kippen.

Als einzige Schaltung liefert sie aber nur jeweils ein ungeschwächtes Verhaltenskommando.

Wechselseitige Hemmung

z.B. angegeben in **14** und **15**.

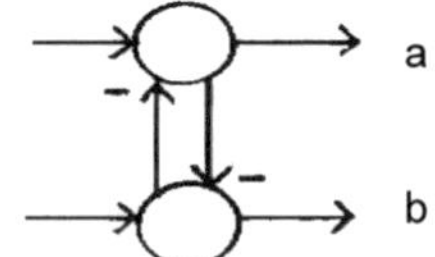

Es wird wie in Abb. 3 - nicht angedeutet, ob eine Vorwärts- oder eine Rückwärtshemmung angenommen wird.

Abb. 10

Die Höchstwertschaltung berücksichtigt (von der hier nicht adäquaten Extremwertschaltung abgesehen) als einzige, daß es eine Rückwirkung von Kanal c auf die Kanäle a und b geben muß. Auch liefert sie bei den beiden Tests V und VI jeweils den richtigen Maximalwert. Allerdings sind die Endwerte bei I und II nicht stabil.

Die Äquivalenzschaltung liefert immer stabile Endwerte, allerdings liefert sie bei V und VI nicht die Maximalwerte und darüber hinaus auch Endwerte auf 2 Kanälen.
Wenn man beide Schaltungen kombiniert - den Eingang der Äquivalenzschaltung und den Ausgang der Höchstwertschaltung - ergeben sich die gewünschten stabilen Endwerte.

Erweiterte Äquivalenzschaltung.

Für Tc > Ta oder Tc > Tb muß - wie bei der Höchstwertschaltung - Kc die Kanäle a und b hemmen.
Hier – in Fettdruck – eine Ergänzung:

fo = 10
az(t) = Ta(t-1) - Tb(t-1)
bz(t) = Tb(t-1) - Ta(t-1)
f(t) = fo [1- (az(t-1) + bz(t-1))]
a**zz**(t) = Ta(t-1) - f(t-1) - b**zz**(t-1)
b**zz**(t) = Tb(t-1) - f(t-1) - a**zz**(t-1)
Ka(t) = azz(t-1) - Kc(t-1)
Kb(t) = bzz(t-1) - Kc(t-1)
Kc(t) = Tc(t-1) - Ka(t-1) - Kb(t-1)

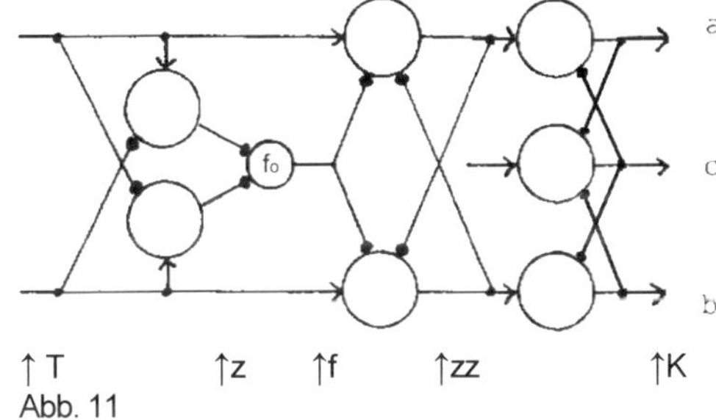

Abb. 11

Rechenergebnisse

	Ka	Kb	Kc	
I	5	5	5	paßt
II	10	10	5	paßt
III	10	0	0	paßt
IV	0	10	0	paßt
V	8	0	2	paßt
VI	0	5	5	paßt
VII	10	0	0	paßt
VIII	10	0	0	paßt
IX	0	0	10	?

Es ist zu erwarten, daß auch dieses nicht sonderlich elegant aussehende Funktionsschaltbild nicht ideal ist.

Eingangs wurde schon darauf hingewiesen, daß hier zur Vereinfachung der Bilder Rückmeldungen des Erfolgs einer Handlung auf die Stärke der inneren Bedingungen weggelassen ist.
Es müßte auch noch irgendwie ergänzt werden, daß z.B. nach (**11**) in manchen Fällen die Intensität von Kc größer wird, wenn Ta = Tb gilt und diese Tendenzen sehr intensiv sind.

Beim Herumspielen ergab sich die Testvariante IX. Sie macht deutlich, daß vielleicht die Intensitäten von Ta, Tb und Tc nur verbal und noch nicht mit Werten beschreibbar sind. Zumindest habe ich für diese Variante keinen Hinweis gefunden.

Einsatz im Unterricht

Von der Vorwärtshemmung abgesehen muß man - wegen der Rückwirkungen - mehrere Rechendurchgänge überlegen. (In manchen Fällen sind die Endwerte erst nach z.B. 10 Schritten stabil.) Dabei kann man die ersten Takte alle rechnen lassen und dann die Ergebnisse der folgenden Schritte vorgeben. Dazu hatte mir ich ein kleines Computer-Programm geschrieben, im Unterricht aber nur die Vorwärts- und die Rückwärtshemmung erörtern lassen und dann gesagt, daß es weitere Beschreibungsversuche gibt. Selten wollten Schüler so für sich mit verschiedenen Hemmungskoeffizienten oder Mittelwerten herumprobieren.

Mit verschiedenen Werten der Hemmungskoeffizienten kann z.B. die Charakteristik im Bereich des Umschlagpunktes (die Hysteresis) eingestellt oder eine Adaptation nachgeahmt werden. Werden Mittelwerte gebildet, so stellt sich bei Ta = Tb = 10 bei einer rückwärts wirkenden Hemmung kein Kippen der Ausgangswerte, sondern stabil Ka = Kb = 5 ein.

Quellen:

1.) Laudien, H.: Deplazierte Handlungen bei Tieren. - Naturw. Rundschau 1969 (Heft 8) S. 337-341.
2.) Zippelius, H.M.: Die vermessene Theorie. - Viewegverlag, Braunschweig 1992.
3.) Hassenstein, B.: Verhaltensbiologie des Kindes. - Piperveralg, München 1973.
4.) Czihak, G., Langer, H., Ziegler, H,: Biologie. - Springerverlag, Berlin 1976
5.) Czihak, G., Langer, H., Ziegler, H,: Biologie. - Springerverlag, Berlin 1992
6.) Danzer, A.: Verhalten - Verlag Metzler, Stuttgart 1979
7.) Lamprecht, J.: Verhalten. - Herderverlag, Freiburg 1972.
8.) Sossinka, R.: Ethologie. - Diesterwegverlag, Frankfurt: 1981.
9.) Vogel, G. / Angermann, H.: dtv-Atlas zur Biologie (Bd. 2). - dtv, München 1984.
10.) Bösel, R.: Signalverarbeitung in Nervennetzen. - Reinhardverlag, München 1977
11.) Lorenz, K.: Vergleichende Verhaltensforschung. - Springerverlag, Berlin 1978.
12.) Schmidt, R.: Übersprungsverhalten. -PdN-Biologie 1994 (Heft 7) S. 38-44
13.) Birett, H.: Leserbrief zu (12) - PdN-Biologie 1996 (Heft 3) S. 46-47.
14.) Tembrock, G.: Verhaltensforschung. - Fischerverlag, Jena 1961.
15.) Franck, D.: Verhaltensbiologie. - dtv, Stuttgart 1979.

In den folgenden Quellen finden sich weitere Erörterungen zum Thema

Falkenhausen, E.v., u.a.: 50 neue Abituraufgaben Biologie. - Aulisverlag, Köln 1990.
Hassenstein, B.: Funktionsschaltbilder als Hilfsmittel zur Darstellung theoretischer Konzepte in der Verhaltensbiologie. Zool. Jb. Physiologie 1983 (S. 181-187).
Hinde, H.: Das Verhalten der Tiere, Bd 1 und Bd.2 - Suhrkamp, Frankfurt 1973
Immelmann, K.: Einführung in die Verhaltensforschung - Parey-Verlag, Berlin 1979
Krebs, J.R. / Davies, N.B.: Einführung in die Verhaltensökologie. Thiemeverlag, Stuttgart 1984
Leyhausen,P.: Theoretische Überlegungen zur Kritik des Begriffes der Übersprungsbewegung (1952). In: Lorenz, K. / Leyhausen, P.: Antriebe tierischen und menschlichen Verhaltens - Piperverlag, München 1968
McFarland, D.J.: Z. für Tierpsychologie 1966 S.217
Neumann,G.H. / Scharf, K.H.: Verhaltensbiologie in Forschung und Schule Aulisverlag, Köln 1994
Sevenster, P.: Die Übersprungbewegung. In: Grzimeks Tierleben, Ergänzungsband Verhaltensforschung - Zürich 1974
Tinbergen, N.: Instinktlehre. - Parayverlag, Berlin 1956